Ernst Probst / Raymund Windolf

# Nehden

## Die Karstgruft der Leguanzähner

*Widmung*

*Regina Cossmann gewidmet,*
*die bei der Entstehung der Werke*
*„Dinosaurier in Deutschland“ (1993)*
*und „Nehden“ (2019)*
*wertvolle Hilfe geleistet hat!*



Verlag:
Ernst Probst:
Im See 11, 55246 Mainz-Kostheim
Telefon: 06134/21152
E-Mail: ernst.probst (at) gmx.de
ISBN: 978-3-384-44889-7

Herstellung: Tredition GmbH, Ahrensburg

*Dinosaurier Iguanodon (Mitte),*
*Krokodil Goniopholis (rechts unten)*
*und Dinosaurier Stenopelix (links).*
*Ausschnitt aus einem Gemälde*
*von Fritz Wendler (1941–1995)*
*für das Buch „Deutschland in der Urzeit" (1986)*
*von Ernst Probst*

*Fundortkarte 14:* **Knochenfunde in Jura und Kreide Nordrhein-Westfalens**

**Jura:**
1 = Wiehengebirge: Stegosaurier

**Kreide:**
2 = Nehden bei Brilon:
*Iguanodon bernissartensis*
*Iguanodon atherfieldensis*
*? Hypsilophodon*
Theropode

*Karte über Knochenfunde von Dinosauriern*
*aus der Jura- und Kreidezeit in Nordrhein-Westfalen*
*im Buch „Dinosaurier in Deutschland“ (1993)*
*von Ernst Probst und Raymund Windolf (1953–2010)*

# Vorwort

1993 faszinierte der Abenteuerfilm „Jurassic Park" von Steven Spielberg massenhaft Kinobesucher/innen in aller Welt. Damals erschien auch das Buch „Dinosaurier in Deutschland" des Wissenschaftsautors Ernst Probst und des Paläontologen Raymund Windolf (1953–2010). Aus diesem Werk stammt der überarbeitete Text „Nehden: Die Karstgruft der Leguanzähner", der im vorliegenden Buch erneut veröffentlicht wird. Darin geht es um Ausgrabungen im nordrhein-westfälischen Steinbruch von Nehden bei Brilon, bei denen man zwischen 1979 und 1982 fossile Knochen von etwa 15 bis 20 pflanzenfressenden Dinosauriern der Gattung *Iguanodon* („Leguanzahn") geborgen hat. Neben Trossingen in Baden-Württemberg ist Nehden vermutlich das zweite große Dinosaurierleichenfeld in Deutschland. Etwas Besonderes ist der erstmalige Fund von maximal 2,50 Meter langen Jungtieren der Gattung *Iguanodon*, die erwachsen bis zu 10 Meter Länge erreichte.

*Skelettrekonstruktion des Dinosauriers Iguanodon im „Muséum national d'Histoire naturelle", Paris. Foto: Mariana Ruiz Villarreal alias LadyofHats (via Wikimedia Commons), Lizenz: gemeinfrei (Public domain)*

# Inhalt

*Teilansicht von Nehden (Stadt Brilon) in Nordrhein-Westfalen.*
*Foto: Malchen53 / CC BY-SA 3.0 (via Wikimedia Commons), lizensiert unter Creative Commons-Lizenz by-sa-3.0, https://creativecommons.org/licenses/by-sa/3.0/legalcode*

# Nehden

Die Karstgruft der Leguanzähner

1979 war ein wichtiges Jahr, was die Entdeckung bedeutender Dinosaurierfundstellen in Deutschland betrifft. Im Juli stieß der Geologe Franz-Jürgen Harms in einem Steinbruch von Münchehagen in Niedersachsen auf Fußabdrücke von riesigen pflanzenfressenden Elefantenfußdinosauriern, die schätzungsweise etwa 20 bis 30 Meter Länge erreichten. Und im selben Jahr begannen – etwa 130 Kilometer weiter südlich – in einem Steinbruch von Nehden bei Brilon in Nordrhein-Westfalen umfangreiche Ausgrabungen, bei denen man bis 1982 fossile Knochen von 15 bis 20 Leguanzahndinosauriern barg.

Biegt man von der Autobahn Dortmund-Kassel kommend an der Ausfahrt, die nach Brilon führt, nach Süden ab, gelangt man nach einigen Kilometern auf das Hochplateau des östlichen Sauerlandes. Fast übersieht man das Schild, das auf dem Weg nach Brilon zu dem kleinen Dorf Nehden führt. Dort, am südwestlichen Rand der Ortschaft, liegt eine Kalkspatgrube, die bei Mineraliensammlern schon seit längerer Zeit einen guten Ruf hatte, da man in ihr Zinkblende und Bleiglanz finden konnte.

Der „steinige Untergrund“ in diesem Teil des Sauerlandes besteht aus Kalksteinen eines Devon genannten und beinahe 350 Millionen Jahre alten erdgeschichtlichen Zeitabschnitts. Damals gab es natürlich noch keine Dinosaurier. Umso erstaunlicher, dass sich in einer Spalte im Steinbruch Tone fanden, deren Alter als kreidezeitlich bestimmt werden konnte.

Professor Klemens Oekentorp (1935–2019) vom Geologisch-Paläontologischen Institut der Universität Münster, der sich

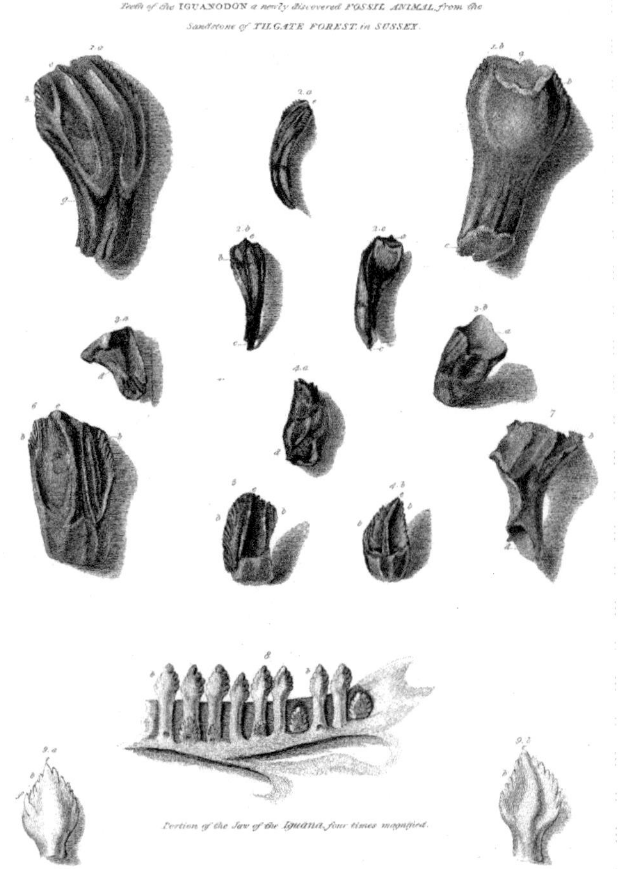


*Zähne des Dinosauriers Iguanodon.*
*Abbildung aus dem Werk „Notice on the Iguanodon,*
*a Newly Discovered Fossil Reptile,*
*from the Sandstone of Tilgate Forest, in Sussex“ (1825)*
*von Gideon Algernoon Mantell (1790–1850)*

mit diesem Phänomen näher befasste, kam zu dem Schluss, dass sich die jüngeren Tone aus dem Erdmittelalter in einem Karstsystem aus Höhlen und Spalten angesammelt hätten. Die Karsthöhlen und -klüfte, ganz ähnlich denen, die man etwa aus Slowenien kennt, scheinen aber schon vor der Kreidezeit entstanden zu sein. Das Kalkgestein wurde durch kohlensäurehaltiges Regenwasser aufgelöst. Tongesteine, die in der Kreidezeit im Briloner Gebiet entstanden waren, füllten das System der unterirdischen Karstgänge aus, blieben dort über Jahrmillionen erhalten und wurden erst durch die Arbeiten im Steinbruch freigelegt.
Nun wäre dieser Fund kreidezeitlichen Gesteins innerhalb erdgeschichtlich wesentlich älterer Schichten zwar geologisch interessant, aber nicht außergewöhnlich gewesen, hätten nicht manche Sammler in den Tonen Fossilreste gefunden, die zunächst als versteinertes Holz angesehen wurden. Bereits 1975 hatte ein Student ein derartig fossiles Stück aus einer Privatsammlung an die Universität Marburg gebracht, und 1978 gelangte durch Sammler auch an die Universität Münster ein solches Stück, das bald als Knochen eines Wirbeltieres, genauer eines Sauriers, erkannt wurde.
Nun war das Interesse der Paläontologen an der kleinen Grube plötzlich sehr groß. Nach Probegrabungen der Universität Marburg schickte auch die Universität Münster den Präparator Karl-Heinz Hilpert in die Grube bei Nehden. Schon bald war seine Suche erfolgreich, fand er doch einen Unterkiefer mit Zähnen, deren charakteristische und unverwechselbare Form den Paläontologen nicht nur verriet, welches Tier hier vorlag, sondern sogar um welche Dinosauriergattung es sich handelte. Die Zähne gehörten einem Pflanzenfresser, dem Dinosaurier *Iguanodon* („Leguanzahn"). Seine fossilen Fährten und einige wenige Knochen aus der Unterkreidezeit waren bereits in den

*Dinosaurier Iguanodon und Zeitgenossen (Neovenator, Hypsylophodon, Eotyrannus).*
*Zeichnung: ABelov2014 / https://abelov2014.deviantart.com / CC BY-SA 3.0 (via Wikimedia Commonos), lizensiert unter Creative Commons-Lizenz by-sa-3.0, https://creativecommons.org/licenses/by-sa/3.0/legalcode*

Bückebergen und Rehburger Bergen entdeckt worden. Aber noch nie hatte man in Deutschland derartig vollständige Knochen eines Leguanzahndinosauriers gefunden.
Der ehemalige Kalksteinbruch bei Nehden schien also für eine Grabung nach Dinosaurierresten erfolgversprechend zu sein. Das Geologisch-Paläontologische Institut in Münster konnte die Deutsche Forschungsgemeinschaft davon überzeugen, dass eine finanzielle Unterstützung der Grabungen auch wissenschaftlich lohnende Ergebnisse bringen würde. So kam es, dass beinahe 50 Jahre nach den letzten großen Dinosauriergrabungen in Trossingen und Halberstadt erstmals eine Grabung nach kreidezeitlichen Riesenechsen durchgeführt werden konnte.
Steht man heute im Nehdener Bruch vor der Grube, bedarf es schon einiger Phantasie, sich vorzustellen, dass hier ein 8 mal 8 Meter großes und 3 Meter tiefes Grabungsloch zwischen 1979 und 1982 bei Wissenschaft und Öffentlichkeit gleichermaßen für Gesprächsstoff sorgte. Vom „Saurierland im Sauerland" war in den Medien die Rede. Nach und nach wurde immer klarer, dass die sommerlichen Grabungen unter Einsatz von Baggern und die winterlichen Präparationsarbeiten an den geborgenen Dinosaurierresten einen weiteren Einblick in die erdgeschichtliche Vergangenheit nicht nur Nordrhein-Westfalens, sondern des kreidezeitlichen Deutschland überhaupt geben konnten. Bevor die Wissenschaftler allerdings ein konkretes Bild vom Leben aus der Unterkreidezeit entwerfen konnten, hatte sie bei den Grabungen mit einer Anzahl unerwarteter Schwierigkeiten zu kämpfen.

*Lebensbild des Dinosauriers Iguandon bernissartensis. Zeichnung: Nobu Tamura / http://spinops.blogspot.com / CC BY-SA 4.0 (via Wikimedia Commons), lizensiert unter Creative Commons-Lizenz by-sa-4.0, https://creativecommons.org/licenses/by-sa/4.0/legalcode*

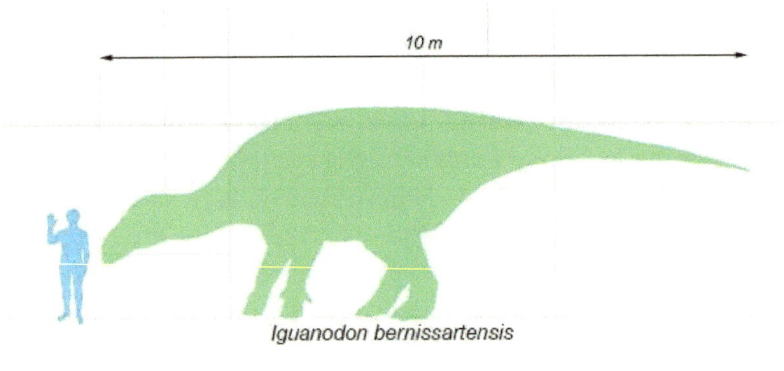


*Größenvergleich zwischen Iguanodon bernissartensis und Mensch. Zeichnung: Dinoguy, basierend auf einer Illustration von Nobu Tamura / CC BY-SA 3.0 (via Wikimedia Commons), lizensiert unter Creative Commons-Lizenz by-sa-3.0, https://creativecommons.org/licenses/by-sa/3.0/legalcode*

## Ausgrabung und Präparation der Nehdener Funde

Zu Beginn der Grabungen war der Grabungsort aus Furcht vor Grabungsräubern geheimgehalten worden. Die örtliche Polizei überwachte zeitweise die Grabungsstelle. Dennoch gelang es unverantwortlichen Sammlern, die Grabungsstelle ausfindig zu machen und einzelne Knochen zu stehlen. Professor Oekentorp, unter dessen Leitung die Grabung durchgeführt wurde, meinte allerdings gelassen, dass die Diebe sich an ihrem Diebesgut nicht lange erfreuen würden, da die unbehandelten Knochen nach einiger Zeit aufgrund ihrer speziellen Eigenschaften zerfallen würden.
Auch die Grabungstätigkeit gestaltete sich schwierig, da sich der zähe und klebrige Ton fast nicht von den Spaten lösen wollte. Aber auch die Dinosaurierknochen selbst stellten die Präparatoren und Wissenschaftler vor Probleme, weil sie nach dem Austrocknen zu zerfallen drohten und deshalb mit einem Spezialharz gehärtet werden mussten. Im Labor wurden sie zunächst von noch anhaftendem Ton gesäubert und befreit. Danach hat man sie mit einer Kunststofflösung getränkt. Dieses Verfahren konnte aber nur bei gut gefestigten Knochen angewandt werden. Brüchige Knochen mussten einer wesentlich komplizierteren Behandlung unterzogen werden, zu der sogar ein Spezialgerät, ein sogenannter „Vakuumimprägnator", eingesetzt wurde. Dabei wurden Tonblöcke mit problematischen Knochen in dem Gerät in einer Haltevorrichtung aufgehängt. Innerhalb der Vakuumkammer wurden die Knochen mit einem speziellen heißen „Polywachs" behandelt. Um einerseits die Knochen vom Wasser zu befreien und andererseits das in Granulatform vorliegende Polywachs schmelzen und in sie eindringen zu lassen, wurden sie in einem weiteren Schritt erhitzt. Dann wurde die Kammer abgeschlossen, und eine Vakuum-

*Skelette des Dinosauriers Iguanodon
vom belgischen Fundort Bernissart
im „Königlich Belgischen Institut für Naturwissenschaften“
in Brüssel.
Foto aus dem Werk „Bruxelles“ (1910)
von Henry Hymanns (1836–1930)*

pumpe saugte Dampf und Hitze ab. Bei großen Knochen dauerte die ganze Prozedur bis zu einer Woche. Dank dieser von den Präparatoren Hilpert und Austermann entwickelten Präparationsmethode gelang es, trotz ihres sehr schlechten Erhaltungszustandes mehr als 1400 Knochen zu konservieren.

## Die Ergebnisse der Nehdener Grabung

Die große Anzahl der nunmehr konservierten und von Tonresten gesäuberten Knochen gehörte ganz überwiegend zu dem Vogelbeckendinosaurier *Iguanodon,* sie befanden sich aber meist nicht mehr im natürlichen Skelettverband. Ihre wissenschaftliche Bearbeitung konnte deshalb nur von einem ausgewiesenen Spezialisten der Dinosauriergattung durchgeführt werden. Ein solcher Fachmann war in England zu finden. Er hatte kurz zuvor im Rahmen seiner Doktorarbeit das aus dem 19. Jahrhundert stammende Knochenmaterial von *Iguanodon* aus dem Bergwerk im belgischen Bernissart neu untersucht. Dr. David B. Norman nahm das Angebot an, auch die Nehdener Iguanodonten zu untersuchen, und kam für einige Zeit nach Deutschland. Vor der Bearbeitung durch David B. Norman war schon spekuliert worden, ob es sich bei den Iguanodonten aus Nehden um eine neue Art handeln könnte, und Überlegungen machten die Runde, dass sie vielleicht „*Iguanodon brilonensis*“ oder „*Iguanodon westfalensis*“ getauft werden könnte. Doch Norman stellte fest, dass alle Knochen von zwei bereits bekannten Arten stammten, nämlich *Iguanodon bernissartensi*s und *Iguanodon atherfieldensis.* Zwischen 15 und 20 Individuen beider Arten der Leguanzahndinosaurier hatten in der Nehdener Karstspalte ihre Knochen hinterlassen, wobei anders als in Bernissart *Iguanodon bernissartensis* seltener

*Schädel des Dinosauriers Iguanodon*
*im „Oxford University Museum of Natural History".*
*Foto: Ballista / CC BY-SA 3.0 (via Wikimedia Commons),*
*lizensiert unter Creative Commons-Lizenz by-sa-3.0,*
*https://creativecommons.org/licenses/by-sa/3.0/legalcode*

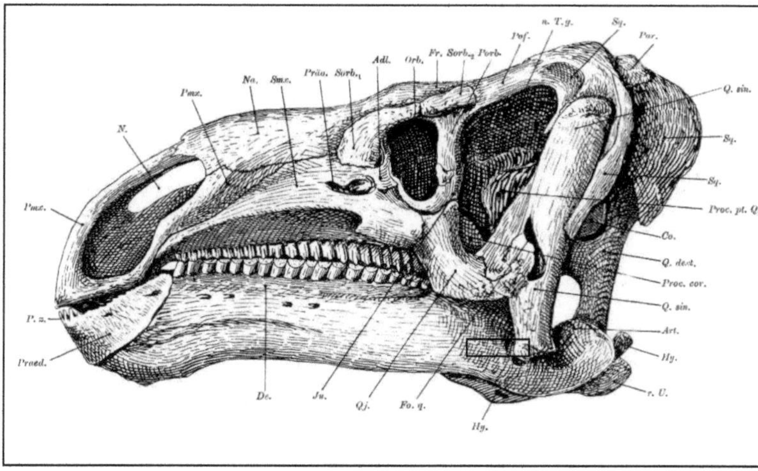


*Zeichnung „Schädel von Iguanodon bernissartensis,*
*Blgr. aus der unteren Kreide (Wealden) aus Bernissart (Belgien)"*
*in „Die Stämme der Wirbeltiere" (1919)*
*des österreichischen Paläontologen Othenio Abel (1875–1946)*

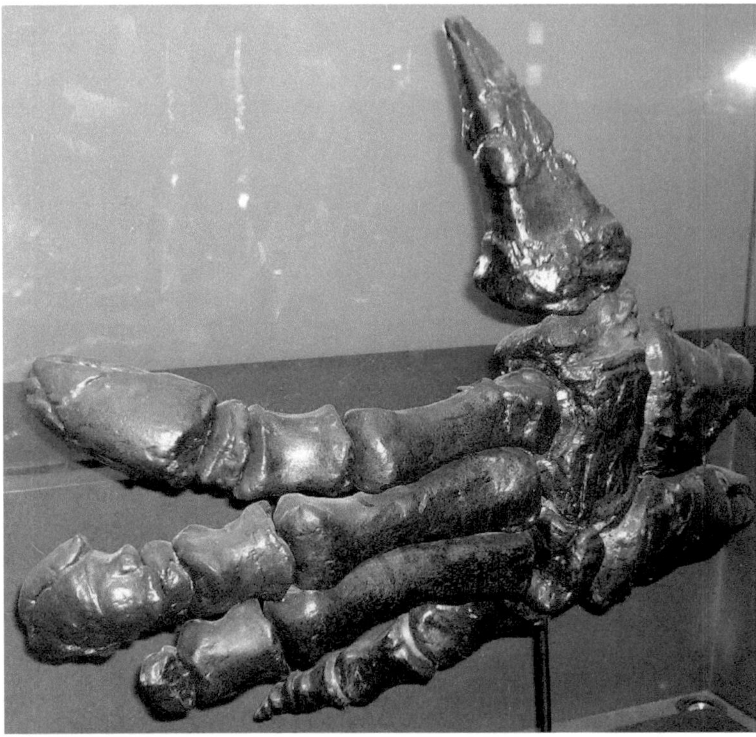

*Hand des Dinosauriers Iguanodon*
*im „Natural History Museum“, London.*
*Foto: Ballista / CC BY-SA 3.0 (via Wikimedia Commons), lizensiert unter Creative Commons-Lizenz by-sa-3.0, https://creativecommons.org/licenses/by-sa/3.0/legalcode*

und *Iguanodon atherfieldensis* häufiger vorkam. Auch in der Altersstruktur der Iguanodonten unterscheiden sich Nehden und Bernissart erheblich. Während in Bernissart überwiegend fast oder ganz ausgewachsene Tiere gefunden wurden, fand man in Nehden sehr junge und erwachsene Tiere miteinander. Das seltenere *Iguanodon bernissartensis* war ein sehr großer Leguanzahndinosaurier von bis zu 10 Metern Länge und 4 bis 5 Tonnen Gewicht. Sein Kennzeichen ist ein langer Schädel mit 29 Oberkiefer- und 24 bis 25 Unterkieferzähnen. Der beinahe pferdeähnliche Schädel besitzt Kiefer, die in ihrem Vorderteil zahnlos sind. Im Unterkiefervorderbereich hat *Iguanodon bernissartensis* den für Vogelbeckendinosaurier typischen Praedentaleknochen, der zu Lebzeiten als hornumschlossener Schnabel die Funktion von Schneidezähnen übernommen hatte. Mit dieser gut ausgebildeten Kieferzange konnte *Iguanodon* Zweige, Äste und Zapfen von nadelholzartigen Bäumen ergreifen und abbeißen. Die weiter hinten im Kiefer stehenden Zähne, die am Rand grob gekerbt waren, übernahmen als sich ständig erneuernde Zahnbatterie die weitere Zerkleinerung der Nahrung. Wie die abgenützten Ränder dieser Zähne bei den Nehdener Iguanodonten zeigen, waren die Leguanzahndinosaurier Pflanzenfresser mit einem augenscheinlich großen Appetit.

Die Hand von *Iguanodon* war speziell ausgebildet, das Tier konnte damit sowohl laufen als sie auch zum Greifen benutzen, obwohl ein vollständiges Einkrümmen der Finger nicht möglich war. Besonders auffällig ist der erste Finger, der als spitz auslaufender „Daumendorn" ausgebildet ist. In früheren Rekonstruktionen hatte man *Iguanodon* diesen Daumendorn nashornartig auf die Nase gesetzt, aber schon bald wurde klar, dass dieser spitze Dorn zum ersten Finger gehörte. Der Dinosaurier konnte diesen Dorn sicherlich bei der Nah-

*Dreizehige Füße des Dinosauriers Iguanodon.*
*Foto: Ballista / CC BY-SA 3.0 (via Wikimedia Commons), lizensiert unter Creative Commons-Lizenz by-sa-3.0, https://creativecommons.org/licenses/by-sa/3.0/legalcode*

rungssuche einsetzen, indem er Zweige zu sich heranzog, um sie abzuweiden, vielleicht kratzte er auch Rinde von den Bäumen damit ab und suchte mit Hilfe des Dorns am Boden nach essbaren Wurzeln? Denkbar ist auch eine Verwendung als Verteidigungswaffe gegenüber fleischfressenden Raubdinosauriern, denen der Leguanzahndinosaurier damit tiefe Wunden zufügen konnte. Der Daumendorn erinnert in seiner möglichen Funktion an die Daumenkralle des „Deutschen Lindwurms" *Plateosaurus* aus der Obertriaszeit. Die restlichen Finger von *Iguanodon* waren wie die Zehen des Fußes nicht von Krallen überzogen, sondern endeten vielmehr in breiten, flachen Hufen. Zusammen mit dem kräftigen Bau der Handknochen lässt sich daraus eine vierbeinige Fortbewegung von *Iguanodon bernissartensis* ablesen. David B. Norman konnte mit seinen Untersuchungen bestätigen, dass das mehrere Tonnen schwere *Iguanodon bernissartensis* sein Gewicht auf alle vier Gliedmaßen verteilte, während man es noch vor wenigen Jahren prinzipiell als zweibeinig gehenden Dinosaurier dargestellt hat. Die grazilere und leichtere *Iguanodon*-Art aus Nehden, *Iguanodon atherfieldensis*, lief dagegen wohl vor allem auf den Hinterbeinen und war ausgewachsen „nur" 6 bis 7 Meter lang.
Während im belgischen Bernissart meist vollständige Skelette gefunden worden waren, kamen in Nehden überwiegend Einzelknochen und nur kleinere, zusammenhängende Skelettpartien zum Vorschein. Dies mag bei der Beurteilung der Nehdener Funde auf den ersten Blick enttäuschen, aber da manche der gefundenen Knochen, wie die Kreuzbeinrippen (Sacralrippen), bis dahin noch nicht oder nur ungenau bekannt waren, verbessern sie das Detailwissen der Forscher über die Anatomie der Leguanzahndinosaurier erheblich.
Der wichtigste Neufund in Nehden konnte nur wegen der gut arrangierten Ausgrabungsüberwachung entdeckt werden. Der

*Mimo-Plastik eines Jungtieres des Dinosauriers Iguanodon. Foto: Landesbildstelle Westfalen, Münster*

leitende Präparator Karl-Heinz Hilpert hatte in 50-Zentimeter-Abständen Holzpflöcke in den Rand der Grabungsfläche stecken lassen, damit jeder Einzelknochen in einem Raster erfasst und seine genaue Lage auf Millimeterpapier eingetragen werden konnte. Zunächst schien es, dass die Knochen bei der Einschwemmung in die Karstspalte regellos verteilt worden waren und horizontal gesehen keinen Zusammenhang auf-wiesen. Die Überraschung der Wissenschaftler war daher umso größer, als sie vier Fundpläne aus der Grabungstiefe von 3 Metern übereinander legten. In dieser dreidimensionalen Fundkarte zeigte sich, dass manche der *Iguanodon*-Knochen einen vertikalen Zusammenhang aufwiesen, und es waren ausgerechnet die kleinsten Knochen. Genaueres Nachforschen zeigte, dass in der Tat einzelne Skelettelemente (Schädel, Becken, Wir-bel, Extremitäten etc.) eines oder sogar mehrerer Jungtiere von *Iguanodon bernissartensis* vorlagen. Das war fast eine Sensation, denn bisher kannte man noch keine so jungen Leguan-zahndinosaurier. Mit nur 2 bis 2,50 Meter Länge hatte dieses Jungtier lediglich ein Viertel oder ein Fünftel der Größe eines ausgewachsenen *Iguanodon bernissartensis.* Wegen des weit geringeren Gewichtes liefen die Jungtiere beider *Iguanodon*-Arten wohl überwiegend auf den Hinterbeinen, und in dieser Haltung ist auch ein Skelett rekonstruiert, das in der Präparations-werkstatt des Westfälischen Museums für Naturkunde her-gestellt worden ist. Natürlich wurden für diesen Zweck nicht die Originalknochen verwendet, sondern Abgüsse, wobei man fehlende Skeletteile ergänzte. Zum erstenmal entstand dadurch ein Eindruck von einem jungen Leguanzahndinosaurier. Doch nicht nur eine Skelettrekonstruktion wurde von dem jugend-lichen Nehdener *Iguanodon* versucht, sogar eine lebensgroße Plastik

*Lebensbild des Dinosauriers Hypsylophodon.*
*Zeichnung: Nobu Tamura / http://spinops.blogspot.com / CC BY 2.5 (via Wikimedia Commons),*
*lizensiert unter Creative Commons-Lizenz by-2.5, https://creativecommons.org/licenses/by/2.5/legalcode*

(„Mimo-Plastik") ist im Naturkundemuseum von Mün-ster aufgestellt worden, die zeigt, wie sich Muskeln, Fleisch und Haut in Wirklichkeit zu so einem Tier zusammengefügt haben könnten.

## Gab es in Nehden auch Gazellen- und Raubdinosaurier?

In der Masse der über 1400 *Iguanodon*-Knochen bemerkte David B. Norman zwei Knochen, die nicht zu dem Leguanzähner gehören konnten. Während von dem Mittelteil (Centrum) eines Wirbelknochens zunächst angenommen worden war, er gehöre zu einem Krokodil, stellte sich nach genaueren Vergleichen heraus, dass er von einem anderen Reptil herrühren müsste. Am ehesten ähnelt er dem Wirbelknochen eines Vogelbecken-dinosauriers, der in die Familie der Hypsilophodontidae („Hochrückenzähner"), populär als „Gazellendinosaurier" bezeichnet, gehört. Die kleinen, kaum mehr als 3 Meter lang werdenden Pflanzenfresser waren in gleich alten Schichten in England weit verbreitet, sind bisher aber noch nie in Deutschland gefunden worden. Der namensgebende *Hypsilophodon* selbst scheint ein agiles Tier gewesen zu sein, dessen Schwanz bis zum Ende mit verknöcherten Sehnen versteift war, die ihn fast zu einer Art Balancierstange beim schnellen Laufen machten. Zu Füßen der tonnenschweren Iguanodonten scheinen in Nehden also kleine, leichte Pflanzenfresser auf ihren Hinterbeinen umhergelaufen zu sein, die sich im Gegensatz zu den Leguanzahndinosauriern der niedrigeren Vegetation annahmen. Will man beide Dinosaurier mit heutigen afrikanischen Säugern vergleichen, käme den schweren Iguanodonten die Elefanten- oder Büffelrolle zu, während die leichtfüßigen Hypsilopho-

dontiden den Part der Gazellen und Antilopen übernehmen würden.
Bei dem großen Angebot an kleineren und großen Pflanzenfressern und deren Jungtieren war der Tisch für die Raubdinosaurier in der Nehdener Unterkreide reichlich gedeckt. Aber nur ein einziger, etwa 10 Zentimeter langer Knochen scheint einen Hinweis auf deren Existenz zu liefern. Auch in Bernissart befand sich unter den Pflanzenfresserknochen ein Fingerknochen des Theropoden „*Altispinax*“ *dunkeri* bzw. „*Megalosaurus*“ *dunkeri*. David B. Norman hielt den Nehdener Knochen deshalb ebenfalls für den Handknochen eines fleischfressenden Dinosauriers. Leider ist der Knochen vor allem an den zur Bestimmung so wichtigen Gelenkenden nicht gut erhalten, so dass eine endgültige und sichere Einordnung nicht möglich ist.

## Tiere, Pflanzen und Landschaft der Nehdener Unterkreidezeit

Hatte man zunächst angenommen, die Nehdener Dinosaurierfunde würden aus der frühen Unterkreidezeit stammen, zeigte sich schon bald, dass sie in der ausgehenden Unterkreidezeit, dem Apt, anzusiedeln sind. Glücklicherweise haben sich in den Nehdener Tonen nicht nur Knochen von Dinosauriern gefunden, sondern auch die anderer Tiere und vor allem Reste verschiedener Pflanzen, so dass man sich heute eine gute Vorstellung der Tier- und Pflanzenwelt vor etwa 115 Millionen Jahren machen kann. Eine wesentliche Hilfe bei der Enträtselung kleinster Pflanzenreste, fossil erhaltener Sporen und Pollen, leistete dabei das Elektronenrastermikroskop. Es erlaubte dem Forstwissenschaftler Dr. Hans Kampmann, anhand der typischen Merkmale der Sporen und Pollen, die bei jeder Pflanze anders aussehen, sie bestimmten Pflanzenfamilien oder sogar Gattungen zuzuordnen. So entstand nach und nach ein genaueres Bild der Nehdener Pflanzenwelt. An verschiedenen Hölzern fanden sich „Jahresringe“, die beweisen, dass das Klima der Unterkreidezeit im Nehdener Gebiet von längeren trocken-heißen Perioden geprägt war, zwischen denen Wochen oder Monate mit feuchterer Witterung eingeschaltet waren. Dass diese mit kräftigen Gewittern verbunden waren, durch die in der monatelang ausgetrockneten Pflanzenwelt Wald- und Buschbrände ausgelöst wurden, beweisen häufige Funde verkohlter Pflanzenreste und Stückchen von Holzkohle. Das Wasser, das die feuchtigkeitsbeladenen Wolken mit tropischer Heftigkeit in großen Mengen herabschütteten, sammelte sich in tiefergelegenen Senken. In diesem feuchten Klima gediehen die verschiedensten Wasser- und Sumpfpflanzen. Urtümliche Bärlappe standen an den Ufern, Wasserfarne und Armleuchteralgen trieben an oder unter der Wasseroberflache dahin. Die Sümpfe und Senken waren die Heimat dichter Farn- und Baumfarnbestände, in denen eine vielfältige Tierwelt lebte. In den Tümpeln schwammen Fische der Gattung *Lepidotes*, und winzige Muschelkrebschen paddelten in ihren Gehäusen im warmen Wasser umher. Am Ufer lagen große, flachpanzerige Flussschildkröten der Gattung *Pebochelys*, deren Panzerbruch-stücke sehr charakteristisch ornamentiert sind. Ab und zu wurden sie aufgeschreckt, wenn die bis ztt 3 Meter langen gepanzerten Körper von Krokodilen der Gattung *Goniopholis* ins Wasser klatschten. Über den sumpfigen Tümpeln schwirrten Insekten, von denen sich sogar ein Flügel fossil farbig erhalten konnte.

Ganz anders sahen die höhergelegenen Hänge und Gelände-

*Bild auf Seite 31 oben:*

*Schädel des Krokodils Goniopholis.*
*Zeichnung von 1879: (via Wikimedia Commons),*
*Lizenz: gemeinfrei (Public domain)*

*Bild auf Seite 31 unten:*

*Lebensbild des Krokodils Goniopholis.*
*Zeichnung: Dinoguy, basierend auf einer Illustration von*
*Nobu Tamura / CC BY-SA 3.0 (via Wikimedia Commons),*
*lizensiert unter Creative Commons-Lizenz by-sa-3.0,*
*https://creativecommons.org/licenses/by-sa/3.0/legalcode*

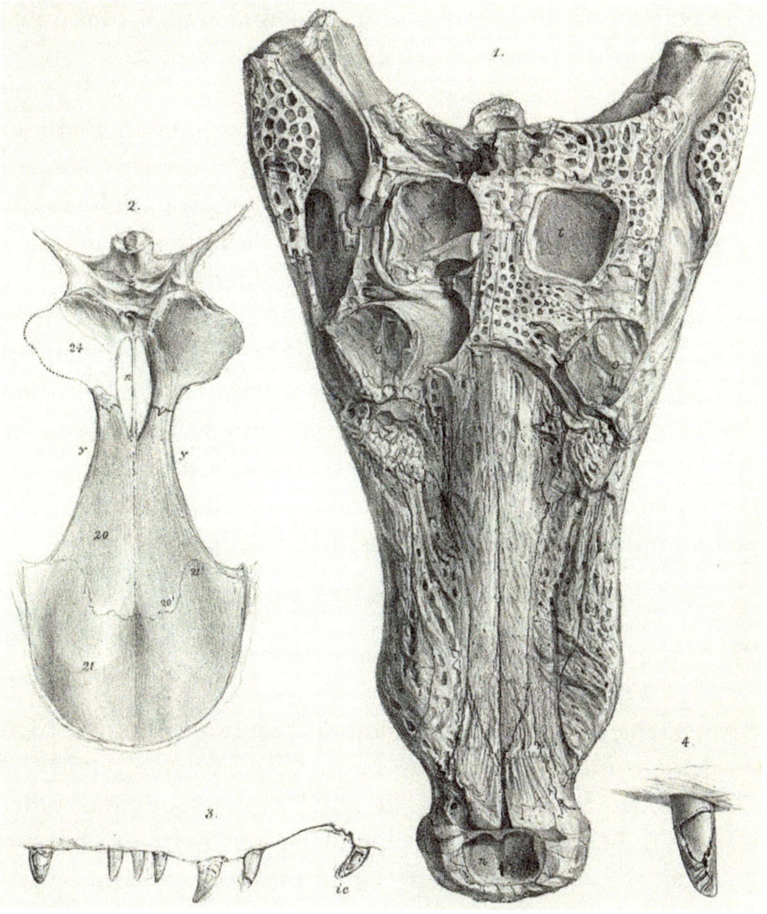
1.
2.
24
n
y
y
20
21'
20'
21
3.
ic
4.

bereiche aus. Wälder von Araukarien und hohen Mammut- und Ginkgobäumen waren zu ihren Füßen von einer krautigen Pflanzenschicht umgeben. Stellenweise schlossen sich diese Farne, Bärlappgewächse und Cycadeen zu einem dichten, grünen Teppich zusammen. An weniger feuchten Hängen könnte sich der an trockeneres Klima angepasste Farn *Weichselia* zu großen Beständen ausgebreitet haben, die nach monatelanger Trockenheit leicht von Blitzen zu entzünden waren.
Koniferen, Landfarne und Blumenpalmfarne dieser Unterkreidelandschaft bildeten die Nahrung für die umherziehenden Leguanzahndinosaurier. Als sie starben, wurden ihre Knochen von den Bächen, die in die Senken strömten, in die darunter liegenden Karstspalten und -höhlen geschwemmt, in denen sich auch Pflanzenreste, Baumharz und tote Insekten sammelten und in den Tonen zu Fossilien wurden.

## Warum starben die Leguanzahndinosaurier?

Wenigstens 15 bis 20 Leguanzahndinosaurier sind in Nehden auf einem Fleck entdeckt worden. War dies eine natürliche Gruppe, eine Herde, die aus Alt- und Jungtieren bestand? Oder waren an dieser Stelle über einen längeren Zeitraum hinweg einfach zufällig gestorbene Iguanodonten zusammengeschwemmt worden?
Bei diesen Fragen mussten die Paläontologen unwillkürlich an das belgische Bernissart denken, wo von 1878 bis 1881 insgesamt 31 Leguanzahndinosaurier ausgegraben werden konnten, bei denen es sich aber – im Gegensatz zu Nehden – um fast nur um ältere Tiere handelte. Für Bernissart war lange Zeit angenommen worden, dass die Pflanzenfresser von einem Raubdinosaurier in eine Karstschlucht getrieben wurden und

in ihr umkamen. David b. Norman konnte aber beweisen, dass sich in Bernissart zur Unterkreidezeit gar keine Karstspalten befanden, sondern ein Sumpf. Die Iguanodontenskelette hatten sich über einen längeren Zeitraum abgelagert, ohne dass irgendein katastrophales Geschehen als Ursache ange-nommen werden muss.

Auch in Deutschland wurde schon einmal ein großes Dinosaurierleichenfeld ausgegraben, die Plateosaurier in Trossingen. Sollten sich hier Parallelen mit den kreidezeitlichen Iguanodonten finden? Immerhin weisen diese beiden Dinosaurier, obwohl nicht näher miteinander verwandt, viele gemeinsame Merkmale und eine vergleichbare ökologische Stellung auf.

In Trossingen fand man nur Tiere, die allesamt ausgewachsen und demnach fortpflanzungsfähig waren. Anders die Nehdener Iguaondonten, bei denen sowohl kleine, mittelgroße und ausgewachsene Tiere den Tod fanden. In Bernissart entdeckten die Wissenschaftler auch sehr viele Fische, in Nehden dagegen höchst selten, was unterschiedliche Umwelt- und Todesbedingungen nahe legt.

Aufgrund dieser Befunde kamen die Paläontologen zu dem Schluss, dass die Nehdener Iguanodontenansammlung in der Tat eine Herde gewesen sein muss, die von einem plötzlichen, katastrophalen Ereignis in den Tod gerissen worden sein muss. Dies könnte zum Beispiel ein wolkenbruchartiger Regen gewesen sein, dessen Fluten die Pflanzenfresser am Ufer eines Baches oder in einer engen Schlucht erfasst und mitgerissen hatte

So scheint es, dass die Nehdener Leguanzähner auf eine sehr ähnliche Art und Weise umgekommen sind wie die Plateosaurier aus der Obertriaszeit und möglicherweise auch der kleine Raubdinosaurier *Compsognathus* aus der Oberjurazeit.

*Buch „Dinosaurier in Deutschland“ (1993)*
*von Ernst Probst und Raymund Windolf (1953–2010)*

## Die Zukunft von Nehden

Nach den Plateosauriergrabungen von Trossingen in Baden-Württemberg und Halberstadt in Sachsen-Anhalt wurden in Nehden die umfangreichsten Dinosaurierfunde Deutschlands ans Tageslicht gebracht. Nehden bezeichnete man auch als eine der weltweit reichsten Ansammlungen der unterkreidezeitlichen Fauna und Flora und als „derzeit wichtigster Aufschluss Europas für die Kenntnis der unterkretazischen terrestrischen Lebewesen".
1993 hieß es im Buch „Dinosaurier in Deutschland" von Ernst Probst und Raymund Windolf: „Doch seit beinahe 10 Jahren ist die Nehdener Grabungsstelle meterhoch zum Schutz vor Raubgrabungen verfüllt, abgezäunt und als Bodendenkmal geschützt. Wird es jemals dort wieder neue Grabungen geben, würden sich solche überhaupt lohnen, oder ist die Nehdener Grube bereits ausgebeutet?"
Das Niedersächsische Landesamt für Bodenforschung in Hannover hat 1983 in der Grube elektromagnetische Messungen durchgeführt, die bewiesen, dass die Spaltenfüllung noch viel umfangreicher ist als der bereits durchforschte Teil, und Bohrungen bestätigten, dass sie bis zu 20 Meter mächtig ist. Darüber hinaus haben weitere Messungen ergeben, dass sehr wahrscheinlich auch weitere Knochenfunde zu erwarten sind.
Will man die Grabungen erneut aufnehmen, müssten sie sich zu richtigen Höhlengrabungen ausweiten, die tief in die Wände des Steinbruchs hineinführen. Dazu wären aber erhebliche finanzielle Mittel notwendig.
Immerhin besteht die Möglichkeit, dass die Nehdener Dinosauriergrabungen eines Tages eine Fortsetzung finden werden. Vielleicht werden wir dann noch mehr aus der Zeit vor 115 Millionen Jahren erfahren.

*Zeichnerische Darstellung des Dinosauriers Iguanodon von Samuel Griswold Goodrich (1793–1860) in „Illustrated Natural History of the Animal Kingdom" (1859)*

# Dinosaurierfunde in Deutschland

1834: Entdeckung des ersten Dinosauriers *(Plateosaurus engelhardti)* in Franken
1837: Hermann von Meyer beschreibt *Plateosaurus engelhardti* aus Franken
um 1840: Wilhelm Dunker entdeckt bei Obernkirchen (Niedersachsen) einen Zahn des Leguanzahndinosauriers *Iguanodon*
1857: Hermann von Meyer beschreibt *Stenopelix valdensis* aus den Bückebergen (Niedersachsen)
1859: Andreas Wagner beschreibt *Compsognathus longipes* aus Kelheim oder Jachenhausen bei Riedenburg (Bayern)
1861: Hermann von Meyer bezeichnet eine 1860 in Solnhofen entdeckte Feder als *Archaeopteryx lithographica.* 1861 findet man bei Langenaltheim das erste Skelettexemplar eines Urvogels, den man ebenfalls *Archaeopteryx* zurechnet. *Archaeopteryx* gilt heute als Raubdinosaurier.
1879–1881: Erste Fährtenfunde in den Bückebergen und den Rehburger Bergen (Niedersachsen)
1904: Erste Knochenfunde in Trossingen (Baden-Württemberg)
1908: Friedrich von Huene beschreibt *Sellosaurus gracilis* (heute: *Plateosaurus gracilis)* und *Halticosaurus longotarsus* (heute: *Liliensternus liliensterni)*
1909: *Procompsognathus* wird am Nordhang des Stromberges bei Pfaffenhofen (Baden-Württemberg) entdeckt;

der Schüler Hermann Weiß entdeckt Plateosaurierknochen in Trossingen;
erste Dinosaurierskelettfunde in Halberstadt (Sachsen-Anhalt)
1910: Die Grabungen in Halberstadt beginnen
1911: Wichtige Fährtenfunde im Keuper Württembergs
1911–1912: Erste Trossinger Grabung
1913: Eberhard Fraas beschreibt *Procompsognathus triassicus* vom Nordhang des Stromberges bei Pfaffenhofen (Baden-Württemberg)
1921: Die Barkhausener Dinosaurierfährten (Niedersachsen) werden entdeckt
1921–1923: Zweite Trossinger Grabung
1932: Dritte Trossinger Grabung. Bei insgesamt sechs Grabungen werden Reste von fast 100 Plateosauriern geborgen
1932/1933: Hugo Rühle von Lilienstern gräbt am Großen Gleichberg in Thüringen zwei Skelette von *Plateosaurus* und zwei weitere von *Liliensternus* (früher: *Halticosaurus*) aus
1934: Willi Weiss entdeckt in Franken die Fährte *Coelurosaurichnus schlauersbachensis*
1948: Die Fährte *Coelurosaurichnus (Dinosaurichnium) moeni* wird beschrieben
1950: Karl Beurlen beschreibt die Fährte *Coelurosaurichnus kehli;*
Kurt Rehnelt beschreibt die Fährten *Coelurosaurichnus schlehenbergensis* und *Coelurosaurichnus kronbergeri;*
1952: Florian Heller beschreibt die Fährte *Coelurosaurichnus metzneri* die ab 1986 der Fährtengattung *Atreipus* zugerechnet wird
1958: Oskar Kuhn beschreibt zwei Dinosaurierfährten aus Franken: *Coelurosaurichnus ziegelangerensis* und

*Coelurosaurichnus sassendorfensis*
1963: *Emausaurus* wird in einer Tongrube bei Greifswald (Mecklenburg-Vorpommern) entdeckt
1975: Erste Dinosaurierknochen aus Nehden bei Brilon (Nordrhein-Westfalen) tauchen auf
1978: Rupert Wild beschreibt *Ohmdenosaurus liasicus* aus der Gegend von Ohmden (Baden-Württemberg)
1979: Die Münchehagener Dinosaurierfährten werden entdeckt
1979–1982: Ausgrabungen in Nehden mit großartigen Funden der Leguanzahndinosaurier *Iguanodon atherfieldensis* und *Iguanodon bernissartensis*
1982: Im Wiehengebirge (Niedersachsen) wird ein vermeintliches Schwanzstachelfragment des Stegosauriers *Lexovisaurus* entdeckt;
Kurt Rehnelt beschreibt die Fährte *Coelurosaurichnus arntzeniusi*
1988: Im Stromberg bei Pfaffenhofen (Baden-Württemberg) kommt die Fährte eines *Procompsognathus* ähnelnden Raubdinosauriers samt Hautabdruck zum Vorschein
1989: In Baden-Württemberg wird anhand einer Fährte ein weiterer Raubtierfußdinosaurier (Theropode) nachgewiesen, der *Syntarsus* gleicht
1990: Der gepanzerte Dinosaurier *Emausaurus ernsti* aus einer Tongrube bei Greifswald (Mecklenburg-Vorpommern) wird von Hartmut Haubold beschrieben
1991: Neue Fährtenfunde eines großen Raubtierfuß-dinosauriers in Baden-Württemberg
2004: In Münchehagen (Niedersachsen) werden nahe der 1979 entdeckten alten Fundstelle weitere Dinosaurierfährten gefunden
2006: P. Martin Sander, Octávio Mateus, Thomas Laven

und Nils Knötschke beschreiben den Elefantenfußdinosaurier *Europasaurus holgeri* aus dem Kalksteinbruch Langenberg bei Göttingerode (Niedersachsen). Der Artname erinnert an den Entdecker Holger Lüdtke

2006: Ursula B. Göhlich und Louis M. Chiappe beschreiben den 1998 bei Schamhaupten unweit von Eichstätt (Bayern) entdeckten Raubdinosaurier *Juravenator starki*

2007: Die Dinosaurierfährten von Obernkirchen (Niedersachsen) werden entdeckt

2012: Oliver Rauhut, Christian Foth, Helmut Tischlinger und Mark A. Norell beschreiben den 2009 oder 2010 bei Painten unweit von Kelheim (Bayern) ausgegrabenen Raubdinosaurier *Sciurumimus albersdoerferi*

2016: Oliver Rauhut, Tom R.. Hübner und Klaus-Peter Lanser beschreiben den 1998 von dem Geologen Friedrich Albat im Wiehengebirge bei Minden (Nordrhein-Westfalen) entdeckten Raubdinosaurier *Wiehenvenator albati*

2017: Oliver Rauhut und Christian Foth identifizieren ein 1855 in Jachenhausen bei Riedenburg (Bayern) geborgenes Fossil als Raubdinosaurier und nennen es *Ostromia crassipes*. Vorher galt dieser Fund, der im „Teylers Museum“ in Haarlem (Niederlande) aufbewahrt wird, als Urvogel.

# Literatur

COX, Barry / DIXON, Dougal / GARDINER, Brian / SAVAGE, R. J. G. (1989): Dinosaurier und andere Tiere der Vorzeit. Die große Enzyklopädie der prähistorischen Tierwelt, Mosaik-Verlag, München.

DINODATA.DE *Iguanodon bernissartensis*

https://de.wikipedia.org/wiki/Iguanodon

HAINISCH, Jutta (1990): Die Saurier von Brilon-Nehden im Sauerland, Landschaftsverband Westfalen-Lippe, Landesbildstelle Westfalen, Münster.

HÖLDER, Helmut (1981): Die Sauriergrabung von Nehden. In: *Jahrbuch der Gesellschaft zur Förderung der Westfälischen Wilhelms-Universität Münster,* 1980/81, Münster, S. 37–41.

HÖLDER, Helmut / NORMAN, David B. (1986): Kreide-Dinosaurier im Sauerland. In: *Naturwissenschaften, 73,* S. 109–116.

HUCKRIEDE, Reinhold (1982): Die unterkretazische Karsthöhlenfüllung von Nehden im Sauerland. 1. Geologische, paläozoologische und paläobotanische Befunde und Datierung. In: *Geologica et Palaeontologica,* 16, S. 183–242.

KAMPMANN, Hans (1983): Mikrofossilien, Hölzer, Zapfen und Pflanzenreste aus der unterkretazischen Sauriergrube bei Brilon-Nehden. Beitrag zur Deutung des Vegetationsbildes zur Zeit der Kreidesaurier in Westfalen. In: *Geologie und Paläontologie in Westfalen,* 1, Münster, S. 1–146.

NORMAN, David B. (1987): A mass accumulation of vertebrates from tjhe Lower Cretaceous of Nehden (Sauerland), West Germany. In: *Proceedings of the Royal*

*Buch „Dinosaurier-Lexikon" (1989)*
*von Raymund Windolf (1953–2010)*

*Society of London*, B 230, S. 215–255.
NORMAN, David B. /HILPERT, Karl-Heinz / HÖLDER, Helmut (1987): Die Wirbeltierfauna von Nehden (Sauerland), Westdeutschland. In: *Geologie und Paläontologie in Westfalen*, S. 1–77.
OEKENTORP, Klemens (1984): Die Saurierfundstelle Brilon-Nehden (Rheinisches Schiefergebirge) und das Alter der Verkarstung. In: *Kölner Geographische Arbeiten*, 45, S. 293–315.
PROBST, Ernst (1986): Deutschland in der Urzeit. Von der Entstehung des Lebens bis zum Ende der Eiszeit, C. Bertelsmann, München.
PROBST, Ernst (2010): Dinosaurier von A bis K. Von Abelisaurus bis Kritosaurus, GRIN, München.
PROBST, Ernst (2010): Dinosaurier von L bis Z. Von Labocania bis Zupaysaurus, GRIN, München.
PROBST, Ernst / WINDOLF, Raymund (1993): Dinosaurier in Deutschland, C. Bertelsmann, München.
WIKIPEDIA (Online-Lexikon): *Iguanodon* https://de.wikipedia.org/wiki/Iguanodon
WINDOLF, Raymund (1989): Dinosaurier-Lexikon. Das aktuelle Wissen über die Dinosaurier, von ihren Anfängen bis zum Aussterben, Goldschneck-Verlag, Korb.

# Die Autoren

Ernst Probst, 1946 in Neunburg vorm Wald (Oberpfalz) geboren, war von 1973 bis 2001 verantwortlicher Redakteur bei der „Allgemeinen Zeitung" in Mainz und betätigte sich in seiner Freizeit als Wissenschaftsautor. Ab 1977 beschäftigte er sich mit der Erdgeschichte Deutschlands, zunächst als Fossiliensammler im Mainzer Becken, später als Verfasser von Artikeln für Tages- und Wochenzeitungen in Deutschland, Österreich und der Schweiz. Die „Welt" nannte sein 1986 erschienenes Buch „Deutschland in der Urzeit" ein „Glanzstück deutscher Wissenschaftspublizistik". Bis heute veröffentlichte er mehr als 450 Bücher, Taschenbücher und Broschüren aus den Themenbereichen Paläontologie, Kryptozoologie, Archäologie und Geschichte.

Raymund Windolf, geboren 1953 in München, gestorben 2010 in Rott/Lech, interessierte sich bereits als Sechsjähriger für Dinosaurier. Sein Berufsleben begann er mit einer Ausbildung zum Wetterdiensttechniker (Wetterbeobachter). Von 1975 bis 1983 arbeitete er beim „Deutschen Wetterdienst". Mit ideeller und finanzieller Unterstützung seiner Ehefrau Regina Cossmann studierte er danach Zoologie, Botanik und Paläontologie. Zeitweise war er Herausgeber der Zeitschrift „Dinosaurier-Magazin". 1989 veröffentlichte er das „Dinosaurier-Lexikon" und 1993 zusammen mit Ernst Probst das Buch „Dinosaurier in Deutschland". Während seiner Tätigkeit für den „Dinopark Münchehagen" war er ab 1998 an der Bearbeitung von Dinosaurierfunden aus Niedersachsen beteiligt.

# Bücher von Ernst Probst

(Auswahl)

Als Mainz noch nicht am Rhein lag
Der Europäische Jaguar
Der Mosbacher Löwe. Die riesige Raubkatze aus Wiesbaden
Der Rhein-Elefant. Das Schreckenstier von Eppelsheim
Der Ur-Rhein. Rheinhessen vor zehn Millionen Jahren
Deutschland im Eiszeitalter
Deutschland in der Frühbronzezeit
Deutschland in der Mittelbronzezeit
Deutschland in der Spätbronzezeit
Die Aunjetitzer Kultur in Deutschland
Die Straubinger Kultur in Deutschland
Die Singener Gruppe
Die Arbon-Kultur in Deutschland
Die Ries-Gruppe und die Neckar-Gruppe
Die Adlerberg-Kultur
Der Sögel-Wohlde-Kreis
Die nordische Bronzezeit in Deutschland
Die Hügelgräber-Kultur in Deutschland
Die ältere Bronzezeit in Nordrhein-Westfalen
Die Bronzezeit in der Lüneburger Heide
Die Stader Gruppe
Die Oldenburg-emsländische Gruppe
Die Urnenfelder-Kultur in Deutschland
Die ältere Niederrheinische Grabhügel-Kultur
Die Unstrut-Gruppe
Die Helmsdorfer Gruppe
Die Saalemündungs-Gruppe

Die Lausitzer Kultur in Deutschland
Die Dolchzahnkatze Megantereon
Die Dolchzahnkatze Smilodon
Die Säbelzahnkatze Homotherium
Die Säbelzahnkatze Machairodus
Die Schweiz in der Frühbronzezeit
Die Rhône-Kultur in der Westschweiz
Die Arbon-Kultur in der Schweiz
Die Schweiz in der Mittelbronzezeit
Die Schweiz in der Spätbronzezeit
Deutschland in der Urzeit. Von der Entstehung des Lebens bis zum Ende der Eiszeit
Deutschland in der Steinzeit. Jäger, Fischer und Bauern zwischen Nordseeküste und Alpenraum
Deutschland in der Bronzezeit. Bauern, Bronzegießer und Burgherren zwischen Nordsee und Alpen
Dinosaurier in Deutschland (zusammen mit Raymund Windolf)
Dinosaurier von A bis K. Von Abelisaurus bis zu Kritosaurus
Dinosaurier von L bis Z. Von Labocania bis zu Zupaysaurus
Dinosaurier in Bayern. Von Cetiosauriscus bis zu Sciurumimus
Der rätselhafte Spinosaurus. Leben und Werk des Forschers Ernst Stromer von Reichenbach
Compsognathus. Der Zwergdinosaurier aus Bayern
Plateosaurus. Der Deutsche Lindwurm
Liliensternus. Ein Raubdinosaurier aus der Triaszeit
Eiszeitliche Geparde in Deutschland
Eiszeitliche Leoparden in Deutschland
Höhlenlöwen. Raubkatzen im Eiszeitalter
Johann Jakob Kaup. Der große Naturforscher aus Darmstadt

Monstern auf der Spur. Wie die Sagen über Drachen, Riesen und Einhörner entstanden
Neues vom Ur-Rhein. Interview mit dem Geologen und Paläontologen Dr. Jens Sommer
Österreich in der Frühbronzezeit
Österreich in der Mittelbronzezeit
Österreich in der Spätbronzezeit
Raub-Dinosaurier von A bis Z. Mit Zeichnungen von Dmitry Bogdanav und Nobu Tamura
Rekorde der Urmenschen. Erfindungen, Kunst und Religion
Rekorde der Urzeit. Landschaften, Pflanzen und Tiere
Säbelzahnkatzen. Von Machairodus bis zu Smilodon
Säbelzahntiger am Ur-Rhein. Machairodus und Paramachairodus
Was ist ein Menhir? Interview mit dem Mainzer Archäologen Dr. Detert Zylmann
Wer ist der kleinste Dinosaurier? Interviews mit dem Wissenschaftsautor Ernst Probst
Wer war der Stammvater der Insekten? Interview mit dem Stuttgarter Biologen und Paläontologen Dr. Günther Bechly
Kastel in der Vorzeit. Von der Jungsteinzeit bis Christi Geburt
Kostheim in der Vorzeit. Von der Jungsteinzeit bis Christi Geburt
Die Altsteinzeit. Eine Periode der Steinzeit in Europa vor etwa 1.000.000 bis 10.000 Jahren
Anno. 1.000.000. Deutschland in der älteren Altsteinzeit
Wiesbaden in der Steinzeit. Von Eiszeit-Jägern bis zu frühen Bauern
Wiesbaden vor 600.000 Jahren. Die Fossilien der Mosbach-Sande
Mainz in der Steinzeit. Von Eiszeit-Jägern bis zu frühen Bauern

Österreich in der Altsteinzeit. Vor 250.000 bis 10.000 Jahren
Anno 1.000.000. Deutschland in der älteren Altsteinzeit
Das Protoacheuléen. Eine Kulturstufe der Altsteinzeit vor etwa 1,2 Millionen bis 600.000 Jahren
Das Altacheuléen. Eine Kulturstufe der Altsteinzeit vor etwa 600.000 bis 350.000 Jahren
Das Jungacheuléen. Eine Kulturstufe der Altsteinzeit vor etwa 350.000 bis 150.000 Jahren
Das Spätacheuléen. Eine Kulturstufe der Altsteinzeit vor etwa 150.000 bis 100.000 Jahren
Die Lanze von Lehringen. Der Jahrhundertfund aus der Altsteinzeit
Das Moustérien. Die große Zeit der Neanderthaler
Das Aurignacien. Eine Kulturstufe der Altsteinzeit vor etwa 40.000 bis 31.000 Jahren
Das Gravettien. Eine Kulturstufe der Altsteinzeit vor etwa 35.000 bis 24.000 Jahren
Das Magdalénien. Eine Kultustufe der Altsteinzeit vor etwa 18.000 bis 14.000 Jahren
Die Hamburger Kultur. Eine Kulturstufe der Altsteinzeit vor etwa 15.700 bis 14.200 Jahren
Die Federmesser-Gruppen. Eine Kulturstufe der Altsteinzeit vor etwa 14.000 bis 12.800 Jahren
Das Steinzeit-Grab von Bonn-Oberkassel. Ein rätselhafter Fund aus der Zeit der Federmesser-Gruppen
Die Ahrensburger Kultur. Eine Kulturstufe der Altsteinzeit vor etwa 12.700 bis 11.650 Jahren
Die Mittelsteinzeit. Eine Periode der Steinzeit vor etwa 8.000 bis 5.000 v. Chr.
Deutschland in der Mittelsteinzeit
Die Mittelsteinzeit in Baden-Württemberg

Die Mittelsteinzeit in Bayern
Die Mittelsteinzeit in Hessen
Die Mittelsteinzeit in Niedersachsen
Die Mittelsteinzeit in Rheinland-Pfalz
Die Mittelsteinzeit in Nordrhein-Westfalen
Die Mittelsteinzeit in Thüringen, Sachsen-Anhalt, Sachsen und im südlichen Brandenburg
Die Mittelsteinzeit in Schleswig-Holstein, Mecklenburg und im nördlichen Brandenburg
Die Jungsteinzeit. Eine Periode der Steinzeit vor etwa 5.500 bis 2.300 v. Chr.
Die ersten Bauern in Deutschland. Die Linienbandkeramische Kultur (5.500 bis 4.900 v. Chr.)
Die Ertebölle-Ellerbek-Kultur. Eine Kultur der Jungsteinzeit vor etwa 5.000 bis 4.300 v. Chr.
Die Stichbandkeramik. Eine Kultur der Jungsteinzeit vor etwa 4.900 bis 4.500 v. Chr.
Die Hinkelstein-Gruppe. Eine Kulturstufe der Jungsteinzeit vor etwa 4.900 bis 4.800 v. Chr.
Die Rössener Kultur. Eine Kultur der Jungsteinzeit vor etwa 4.600 bis 4.300 v. Chr.
Die Baalberger Kultur. Eine Kultur der Jungsteinzeit vor etwa 4.300 bis 3.700 v. Chr.
Die Michelsberger Kultur. Eine Kultur der Jungsteinzeit vor etwa 4.300 bis 3.500 v. Chr.
Die Kupferzeit. Wie die ersten Metalle in Mitteleuropa bekannt wurden
Pfahlbauten in Süddeutschland. Dörfer der Jungsteinzeit und Bronzezeit an Seen, Mooren und Flüssen
Die Salzmünder Kultur. Eine Kultur der Jungsteinzeit vor etwa 3.700 bis 3.200 v. Chr.